Vorwort

Liebe Lehrerinnen und Lehrer, liebe Eltern,

das vorliegende Arbeitsheft bietet allen Kindern die Möglichkeit, die grundlegenden sachrechnerischen Kompetenzen des 1. Schuljahres vertiefend nachzuarbeiten und eventuell vorhandene Schwächen auszugleichen.
Dabei geht es im 1. Schuljahr schwerpunktmäßig um die Informationsgewinnung und die ersten Lösungsdarstellungen.

Das Heft kann sowohl in der Schule als auch zu Hause ergänzend eingesetzt werden und ist unabhängig vom schulischen Lehrwerk nutzbar.
Zu einer Sachsituation gehören jeweils mehrere Seiten. Diese sind einzeln heraustrennbar und können somit gezielt bestimmten Kindern zur individuellen Förderung zugewiesen werden. Vorder- und Rückseite eines Blattes berücksichtigen dabei die spezielle Förderung einer sachrechnerischen Kompetenz.

Das vertiefende, selbstständige Üben kann auch im Elternhaus erfolgen. Die Aufgabenformate sind selbsterklärend, notwendige Lösungshilfen werden direkt auf den Seiten gegeben.

Da das Heft für die selbstständige Arbeit konzipiert ist, gibt es am Ende des Heftes verkleinerte Lösungsseiten. Diese erlauben ein eigenverantwortliches Üben und selbstständiges Kontrollieren.

Das Grundschulteam von „Welt der Zahl" wünscht allen Kindern viel Spaß beim „Eintauchen" in das Sachrechnen und ein erfolgreiches Üben mit diesem Heft.

Was die Zeichen bedeuten:

1 Aufgaben aus dem Anforderungsbereich I

1 Aufgaben aus dem Anforderungsbereich II

1 Aufgaben aus dem Anforderungsbereich III

Ankreuzen/Durchstreichen

Einkreisen

Verbinden

Malen

Inhaltsverzeichnis

Materialsammlung Sachrechnen und Größen
Arbeitsheft 1 – 978-3-507-04471-5

1

Viele Sachen

1

2

3

4

1

Materialsammlung Sachrechen und Größen
Arbeitsheft 1 – 978-3-507-04471-5

1

1

 1

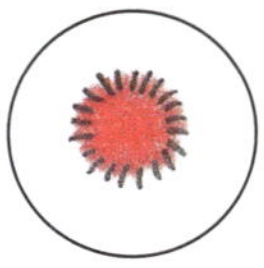 HHT

 ____

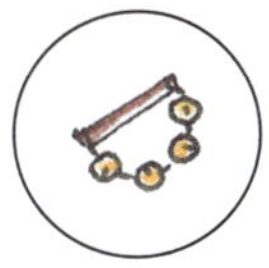 ____

 ____

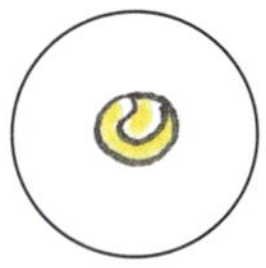 ____

 ____

 ____

 ____

 ____

 ____

 ____

____

____

Materialsammlung Sachrechen und Größen
Arbeitsheft 1 – 978-3-507-04471-5

In der Turnhalle

1

 4

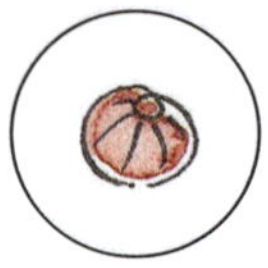

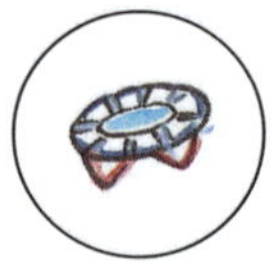

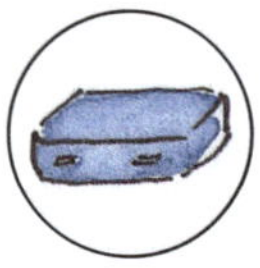

1

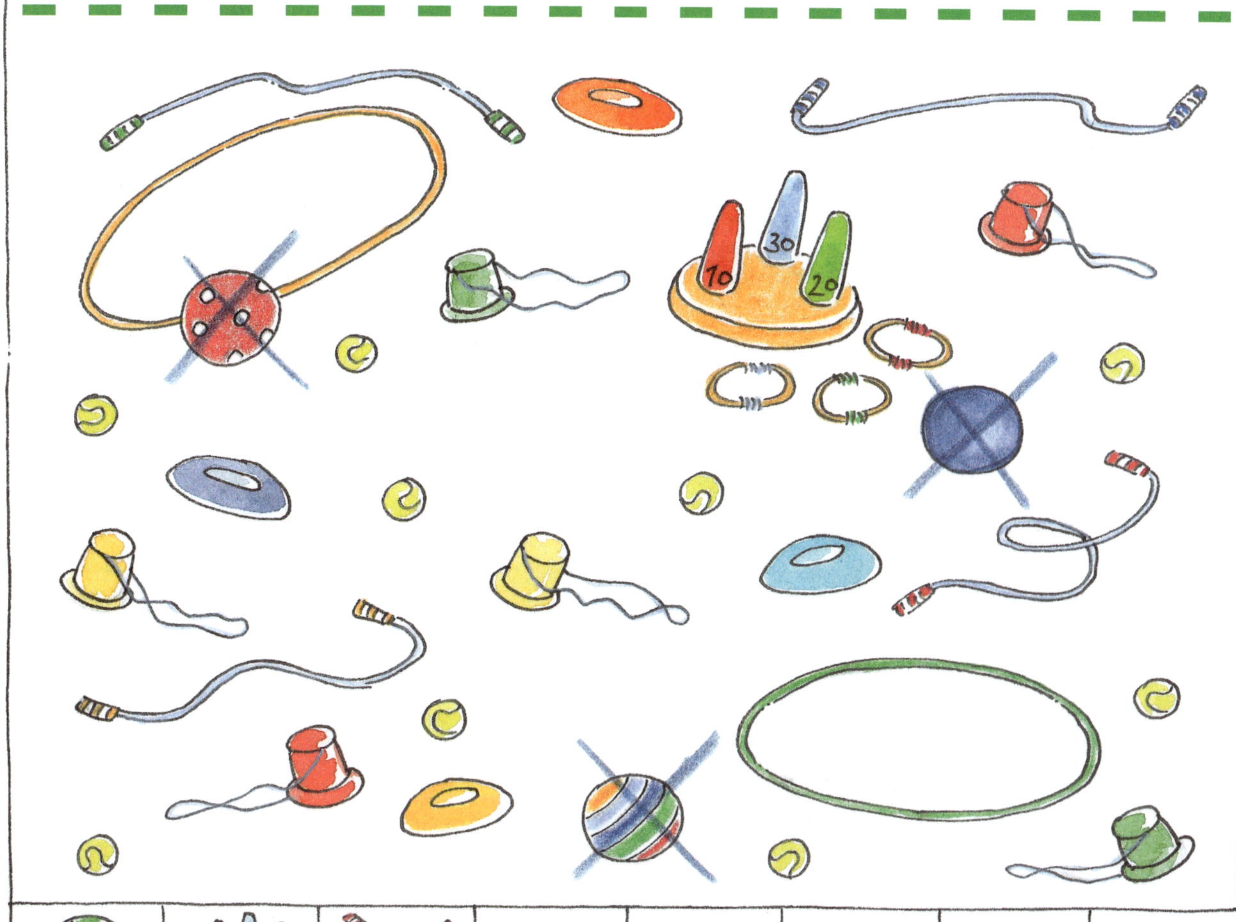

2

|||							
3							

Materialsammlung Sachrechen und Größen
Arbeitsheft 1 – 978-3-507-04471-5

1

2

|||							
3							

In der Tierhandlung

1

7 ___ 4 + 3

___ ______

___ ______

___ ______

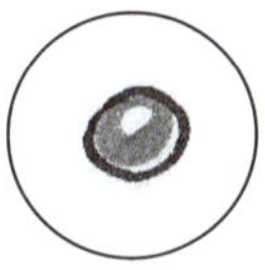

___ ______

___ ______

___ ______

2

___ ______

___ ______

___ ______

Materialsammlung Sachrechen und Größen
Arbeitsheft 1 – 978-3-507-04471-5

Viele Tiere

1

2

3

4

5

6

7

8

1

5 + 1 =

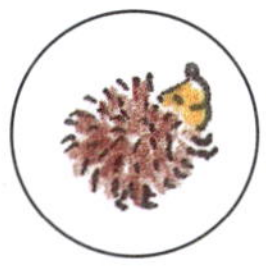

2

Materialsammlung Sachrechen und Größen
Arbeitsheft 1 – 978-3-507-04471-5

Spiele im Herbst

1

$6 + 2 =$ ☐ $6 - 2 =$ ☐ $8 - 2 =$ ☐

2

$5 - 3 =$ ☐ $8 - 3 =$ ☐ $5 + 3 =$ ☐

3

$4 + 4 =$ ☐ $4 - 4 =$ ☐ $4 + 0 =$ ☐

Materialsammlung Sachrechen und Größen
Arbeitsheft 1 – 978-3-507-04471-5

1

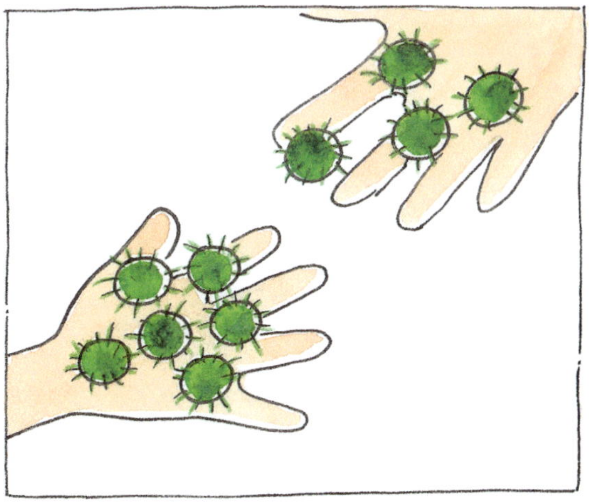

6 + 4 =

2

3

4

5

6

Herbst – Geschichten (2)

1

2

3

4

5

6

Auf dem Stadtfest

1 Wie viel kostet es? Lege und male.

 2 €  __ €  __ €  __ €

2 Wie viel kostet es? Lege, male und rechne.

__ € __ € __ € __ € __ € __ € __ € __ €

2 € + 2 € = ______ ______ ______ ______

3

Wie viel muss Zahlix bezahlen?

______

Zahlix zahlt ____ €.

Materialsammlung Sachrechen und Größen
Arbeitsheft 1 – 978-3-507-04471-5

Wie viel Geld kostet es?

1

a) Wie viel Geld kostet es? 4 € + ___ + ___ = ___

b) Wie kann Zahline bezahlen? Lege und male.

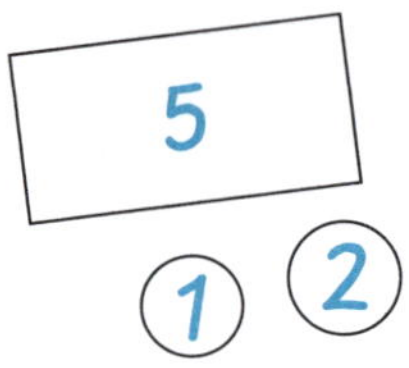

oder ___ oder ___ oder ___

2

a) Wie viel Geld kostet es? ___

b) Wie kann Anna bezahlen? Lege und male.

___ oder ___ oder ___ oder ___

3

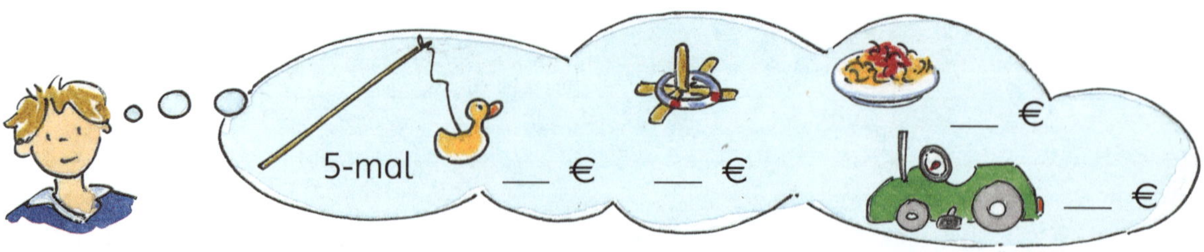

a) Wie viel Geld kostet es? ___

b) Wie kann Lukas bezahlen? Lege und male.

___ oder ___ oder ___ oder ___

Wie viel Geld bleibt übrig?

zurück:

2 €

1

__ €

zurück:

______ €

2

__ €

zurück:

______ €

3

__ €

zurück:

______ €

4

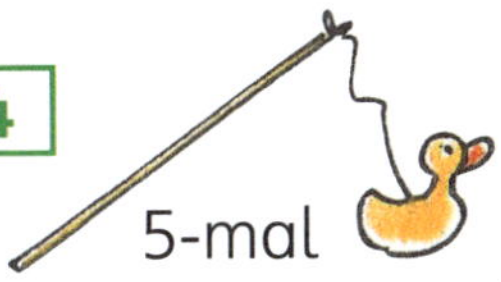

__ €

zurück:

______ €

5

__ € __ €

zurück:

______ €

6

__ € __ €

zurück:

______ €

7

__ €

Zahlix hat __ €.

Zahlix muss __ € zahlen.

____

Zahlix hat noch __ €.

8

__ €

Zahline hat ____ €.

Zahline muss __ € zahlen.

____

Zahline hat noch __ €.

9

__ € __ €

Anna hat __ €.

Anna muss __ € zahlen.

____

Anna hat noch __ €.

10

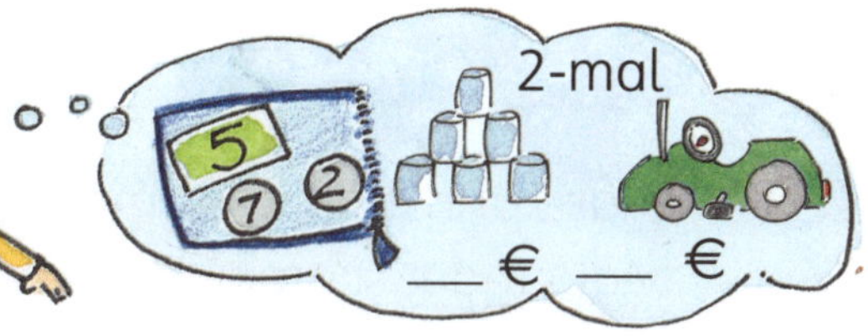

__ € __ €

Lukas hat __ €.

Lukas muss __ € zahlen.

____

Lukas hat noch __ €.

Materialsammlung Sachrechen und Größen
Arbeitsheft 1 – 978-3-507-04471-5

Viele Wünsche – Reicht das Geld?

1 Kann Zahline alles kaufen?
Ja oder nein?

Rechne und kreuze an.

2 € + ___ + ___ = ___

◯ ja ◯ nein

2 Geht das?

___

◯ ja ◯ nein

3 Geht das?

___

◯ ja ◯ nein

4 Geht das?

___

◯ ja ◯ nein

5 Geht das?

___

◯ ja ◯ nein

6 Du gehst zum Stadtfest.

Du hast  ___ €

Was kannst du alles machen?
Male (oder schreibe) und rechne.

___

Hast du noch Geld übrig?

◯ ja ◯ nein

Wie viel Geld bleibt übrig? ___ €

Im Kaufhaus

Immer drei Kästchen gehören zusammen.
Für alle drei die gleiche Farbe!

1

Timo hat 8 rote und
4 grüne Murmeln.

Jan hat 8 Murmeln.
Er verliert 4 Murmeln.

Lisa und
Anna gehen
einkaufen.
Jede kauft
6 Murmeln.

Sonja hat 12 Murmeln.
Sie gewinnt 4 Murmeln.

Ben hat 12 Murmeln.
4 Murmeln muss er abgeben.

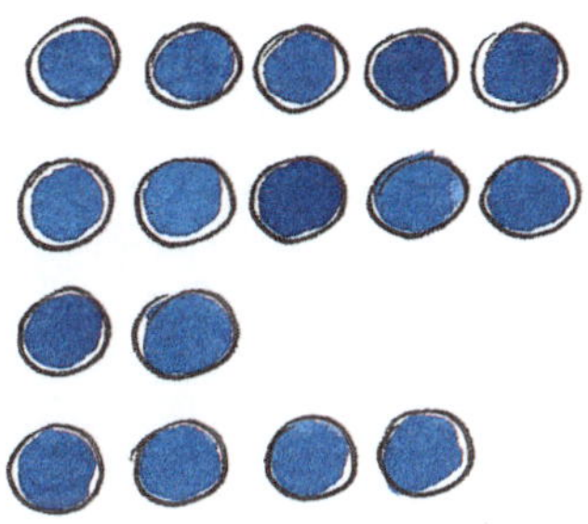

8 − 4 = ____

8 + 4 = ____

12 + 4 = ____

12 − 4 = ____

6 + 6 = ____

Materialsammlung Sachrechen und Größen
Arbeitsheft 1 – 978-3-507-04471-5

Beim Bäcker

Was fehlt?

1

Moni holt Brötchen.
Sie kauft 8 normale und 6 Mohnbrötchen.

Wie viele Brötchen kauft Moni insgesamt?

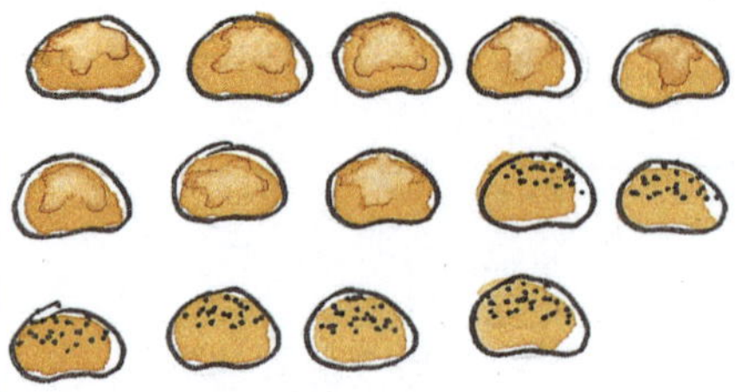

8 + 6 = ☐

2

Lukas hat 9 rote Bonbons.
Er kauft 5 grüne Bonbons.

Wie viele Bonbons hat er dann?

☐ ○ ☐ = ☐

3

Anna hat 17 Plätzchen.
Sie schenkt iher Freundin Lena 5 Plätzchen.

Wie viele Plätzchen hat Anna noch?

17 − 5 = ☐

4

Daniel holt 20 Brötchen.
6 Brötchen sind für die Nachbarn.

Wie viele Brötchen sind für Daniels Familie?

☐ ○ ☐ = ☐

Welche Frage passt zum Bild? Verbinde.

1

Wie viele Autos gibt es?

Wie viele Teddys sind es insgesamt?

Wie teuer ist ein Teddy?

2

Wie viel Geld bekommt Tom zurück?

Wie teuer ist ein Auto?

Wie viel Geld kostet es zusammen?

3

Wie viel Geld bekommt Tom zurück?

Wie viel Geld kostet es zusammen?

Wie alt ist Tom?

4

Wie viel Geld kostet das Sparschwein?

Wie viel Geld sind dann im Sparschwein?

Wie viel Geld fehlt noch?

Materialsammlung Sachrechen und Größen
Arbeitsheft 1 – 978-3-507-04471-5

Im Buchladen

Welche Frage passt? Verbinde.

1

Im Regal stehen
12 Malbücher und
8 Bilderbücher.

- Wie viele Bücher hat der Buchladen insgesamt?
- Wie viele Bücher stehen im Regal?
- Wie viele Bücher lesen die Kinder?

2

- Wie viele Bücher hat Lisa?
- Wie viele Bücher kosten 10 Euro?
- Wie viel Geld bekommt Lisa zurück?

Lisa kauft ein Buch.
Das Buch kostet 6 Euro.
Lisa hat 10 Euro.

3

Lisas Mutter kauft zwei Bücher. Das Kinderbuch kostet 11 Euro und das Bilderbuch kostet 4 Euro.

- Wie viel Geld bekommt Lisas Mutter zurück?
- Wie viel Geld muss Lisas Mutter bezahlen?
- Wie viel Geld muss Lisa bezahlen?

4

- Wie viele Bücher kauft Lisas Opa?
- Wie viele Bücher hat Lisa?
- Wie viele Bücher stehen noch im Regal?

Im Regal stehen 20 Bücher.
Lisas Vater nimmt 5 Bücher heraus.

1 Oma und Tim essen Eis. Tim nimmt 5 Kugeln, Oma nur 3 Kugeln.

2 Maria kauft ein Eis mit 5 Kugeln. 3 Kugeln hat sie schon gegessen.

Verbinde.

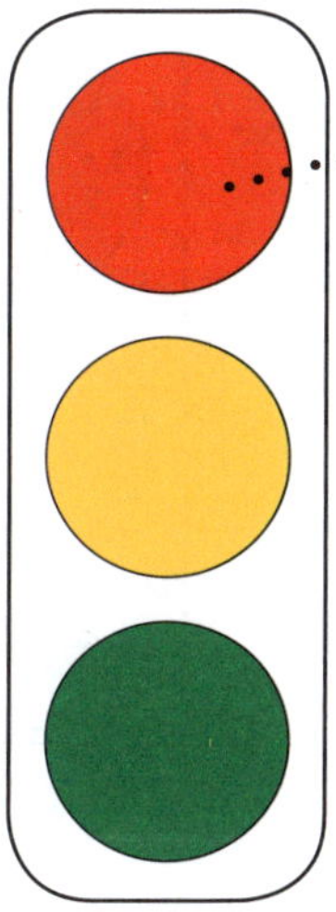

Wie viele Kugeln sind es zusammen?

Wie viele Kugeln hat sie noch?

5 − 3 = ____

5 + 3 = ____

____ Kugeln hat sie noch.

____ Kugeln sind es zusammen.

3 Lisa will 12 Äpfel kaufen. Sie hat schon 4 Äpfel in den Wagen gelegt.

4 Mike kauft 12 grüne und 4 rote Äpfel.

Verbinde.

Wie viele Äpfel braucht sie noch?

Wie viele Äpfel kauft er insgesammt?

12 − 4 = ____

12 + 4 = ____

____ Äpfel braucht sie noch.

____ Äpfel kauft er insgesamt.

5 Anna und Lena kaufen sich ein Eis. Jede nimmt 4 Kugeln.

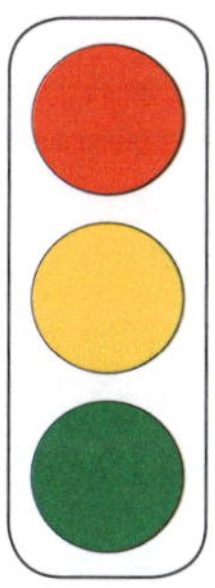

Wie viele Kugeln ________________________________ ?

____ Kugeln sind ________________________________ .

Materialsammlung Sachrechen und Größen
Arbeitsheft 1 – 978-3-507-04471-5

Kaufhaus-Geschichten (2)

1 Lena geht einkaufen. Sie kauft 5 rote und 2 grüne Paprika.

2 Tim isst gern Paprika. Seine Mutter kauft 5 Paprika. Tim isst 2 Stück.

Verbinde.

Wie viele Paprika sind noch übrig?

Wie viele Paprika sind es zusammen?

5 + 2 = ____

5 – 2 = ____

____ Paprika hat sie noch.

____ Paprika sind es zusammen.

3 Benno kauft Lutscher ein. 12 rote und 4 grüne.

4 Mike kauft 12 Lutscher. Davon sind 4 Lutscher rot, die anderen sind gelb.

Verbinde.

Wie viele Lutscher sind es insgesamt?

Wie viele Lutscher sind gelb?

12 – 4 = ____

12 + 4 = ____

____ Lutscher sind gelb.

____ Lutscher sind es insgesamt.

5 Annas Mutter kauft 3 Kisten Birnen. In jeder Kiste sind 5 Birnen.

Wie viele Birnen ______________________________ ?

____ Birnen sind ______________________________ .

Viele Einkäufe (1)

1 Herr Sander kauft 12 Blumen.
Er gibt Lisa 3 Blumen.

Wie viele Blumen hat Herr Sander dann noch?

1 2 – ___ = ___

___ Blumen hat Herr Sander dann noch.

2 Frau Kaup kauft 7 blaue und 8 gelbe Blumen.

Wie viele Blumen kauft Frau Kaup insgesamt?

7 + ___ = ___

___ Blumen kauft Frau Kaup insgesamt.

3 Jan kauft 13 Murmeln.
Er gibt seinem Bruder 4 Murmeln.

Wie viele

4 Maria hat 8 Murmeln.
Oma kauft ihr 5 Murmeln.

Wie viele

5 Mutter kauft 3 grüne, 4 rote und 5 gelbe Paprika.

Wie viele

6 Opa kauft 15 Karten. Er gibt Timo 4 Karten und Anna 5 Karten.

Wie viele

Materialsammlung Sachrechnen und Größen
Arbeitsheft 1 – 978-3-507-04471-5

Viele Einkäufe (2)

1 Jonas kauft 20 Aufkleber.
Er schenkt Anna 7 Aufkleber.

Wie viele Aufkleber hat Jonas dann noch?

2 0 – ___ = ______

_____ Aufkleber hat Jonas dann noch.

2 Pia kauft 13 Blumen.
Davon sind 6 Blumen für Oma.

Wie viele Blumen hat

3 Jannis hat 12 Murmeln.
Er kauft 5 neue Murmeln.

Wie viele

4 Maria hat 18 Murmeln.
Beim Spielen gewinnt sie 3 Murmeln.

Wie viele

5 Oma kauft neue Blumen.
Sie nimmt 5 rote, 4 gelbe und
7 blaue Blumen.

Wie viele

6 Opa kauft 15 Fußballbilder.
Lisa bekommt 5 Bilder und
Tim nur 4 Bilder.

Wie viele

1 Lena malt eine bunte Kette aus 20 Perlen, immer 2 Perlen rot, 2 blau.

Welche Farbe hat die 17. Perle?

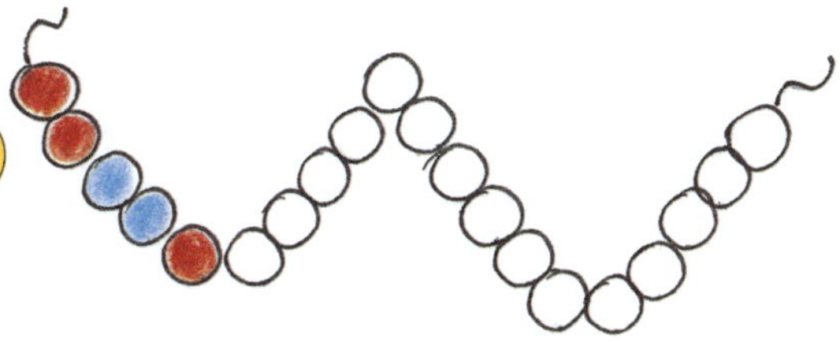

Die 17. Perle ist ______________ .

2 Tom malt eine Kette aus 15 Perlen, immer 3 Perlen gelb, 4 rot.

Welche Farbe hat die 13. Perle?

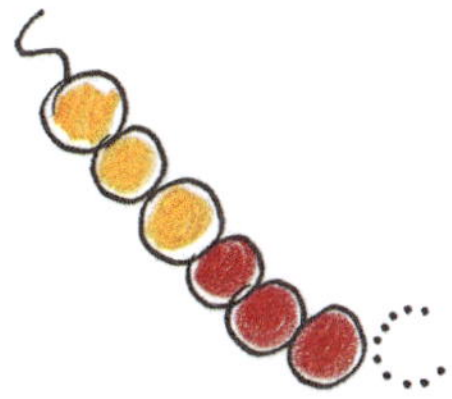

Die 13. Perle ist ______________ .

3 Jan malt eine Kette aus 18 Perlen, immer 2 Perlen grün, 4 gelb.

Welche Farbe hat die 16. Perle?

Die 16. Perle ist ______________ .

4 Lisa malt eine Kette aus 21 Perlen, immer 2 Perlen blau, 2 grün, 3 rot.

Welche Farbe hat die 19. Perle?

Die 19. Perle ist ______________ .

5 Pia malt eine ganz lange Kette aus 30 Perlen, immer 4 Perlen blau, 2 rot.

Welche Farbe hat die 28. Perle?

Die 28. Perle ist ______________ .

Materialsammlung Sachrechen und Größen
Arbeitsheft 1 – 978-3-507-04471-5

Spiele auf dem Klassenfest

1 Kai hat 12 Hölzer. Er legt Vierecke.

Wie viele Vierecke legt Kai?

Kai legt _____ Vierecke.

2 Pia hat 18 Hölzer. Sie legt Dreiecke.

Wie viele Dreiecke legt Pia?

Pia legt _____ Dreiecke.

3 Jana hat 20 Hölzer. Sie legt Vierecke.

Wie viele Vierecke legt Jana?

Jana legt _____ Vierecke.

4 Lena hat 15 Hölzer. Sie legt Dreiecke.

Wie viele Dreiecke legt Lena?

Lena legt _____ Dreiecke.

5 Maria fühlt Vierecke. Zusammen sind es 24 Ecken.

Wie viele Vierecke sind es?

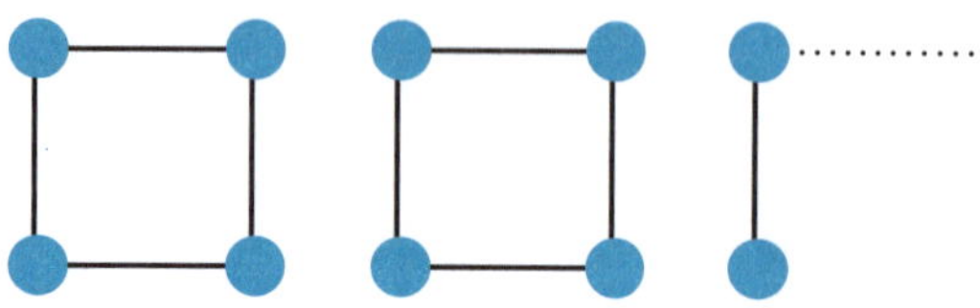

_____ Vierecke sind es.

1 Aus der Klasse 1a kommen 9 Mädchen und 9 Jungen zum Fest.

Wie viele Kinder kommen aus der Klasse 1a?

2 Aus der Klasse 1b kommen 6 Mädchen und 12 Jungen zum Fest. Alle haben viel Spaß.

Wie viele

3 Herr Meier hat 12 Flaschen Saft mitgebracht. Die Kinder haben schon 6 Flaschen getrunken.

4 Schreibe eine eigene Rechengeschichte zu den Aufgaben.

a) 12 + 6 = ___

b) 15 − 8 = ___

Materialsammlung Sachrechnen und Größen
Arbeitsheft 1 – 978-3-507-04471-5

Nach dem Fest

1 Aus der Klasse 1a helfen 7 Mädchen und 6 Jungen beim Aufräumen.

Wie viele Kinder

2 22 Kinder gehören zur Klasse 1a. Nur 11 Kinder helfen. Die anderen haben keine Lust.

Wie viele

3 Es wurden 6 Flaschen Apfelsaft, 3 Flaschen Orangensaft und 8 Flaschen Wasser getrunken.

4 Schreibe eine eigene Rechengeschichte zu den Aufgaben.

a) 18 – 7 = ___

b) 8 + 7 = ___

Materialsammlung Sachrechen und Größen
Arbeitsheft 1 – 978-3-507-04471-5

Schulanfang 3

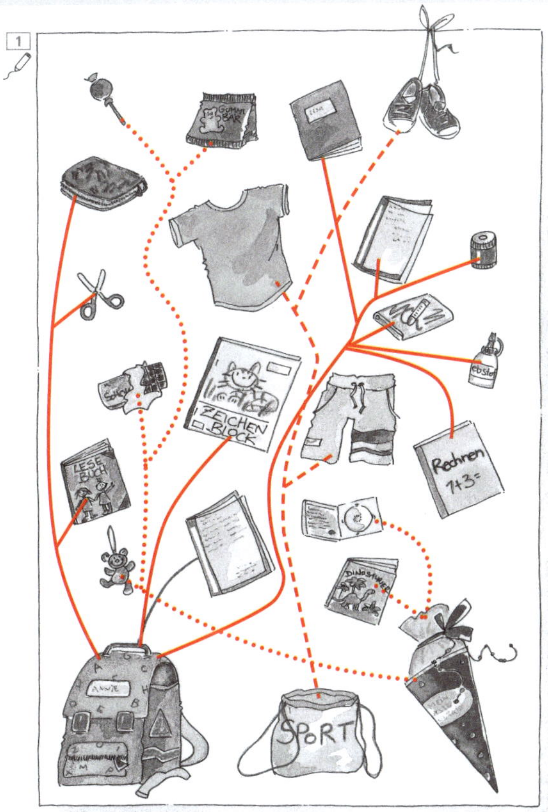

4 Viele Sachen

Tornistereinkauf 5

6 Im Garten

Answers (in the order printed): 1, 𝍸, 3, 4, 2, 9, 8, 5, 1, 2, 8, 16

Hinweis zum Recht der Vervielfältigung siehe 2. Umschlagseite
© 2009 Schroedel, Braunschweig
Materialsammlung Sachrechnen und Größen
Arbeitsheft 1 – 978-3-507-04471-5

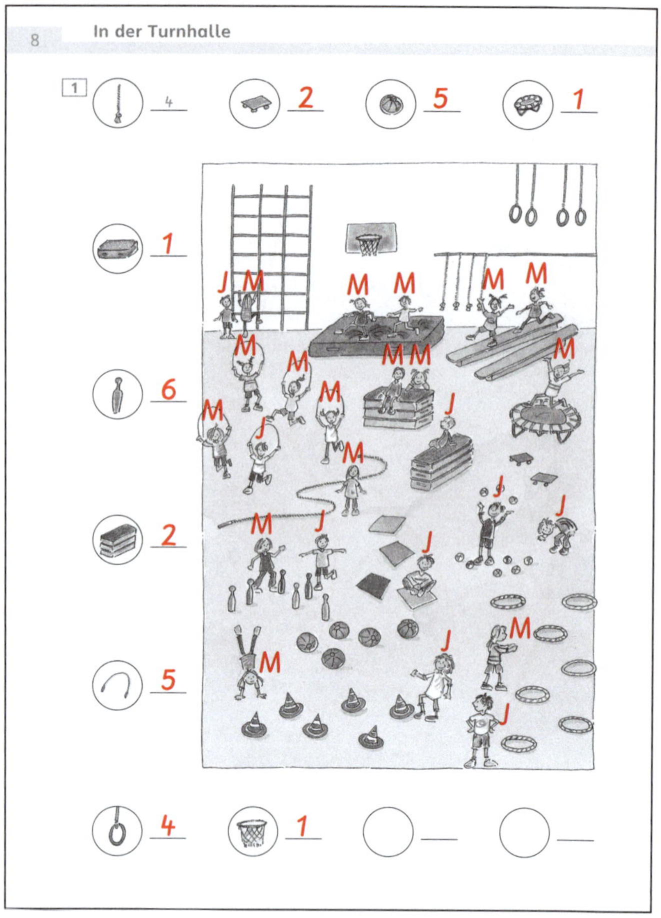

Answers (in the order printed): 4, 2, 5, 1, 1, 6, 2, 5, 4, 1

///	I	IIII	IIII	𝍸 IIII	𝍸 I	III	II
3	1	4	4	9	6	3	2

Hinweis zum Recht der Vervielfältigung siehe 2. Umschlagseite
© 2009 Schroedel, Braunschweig
Materialsammlung Sachrechnen und Größen
Arbeitsheft 1 – 978-3-507-04471-5

///	𝍸 IIII	𝍸 𝍸	IIII	𝍸 I	IIII	𝍸 II	𝍸 III
3	9	10	4	6	4	7	8

Materialsammlung Sachrechen und Größen
Arbeitsheft 1 – 978-3-507-04471-5

In der Tierhandlung

1

7 4 + 3

2 1+1

11 2+9

12 11+1

11 4+7

14 9+5

7 5+2

2

Viele Tiere

1

8 6 + 2

2

6 3 + 3

3

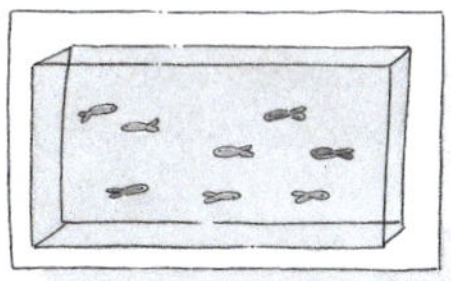

8 5 + 3

4

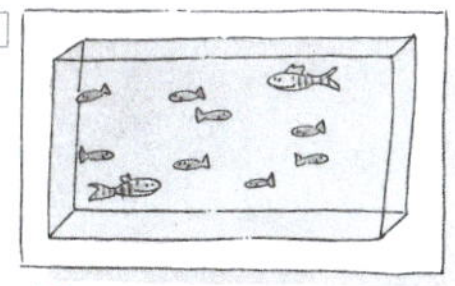

10 8 + 2

5

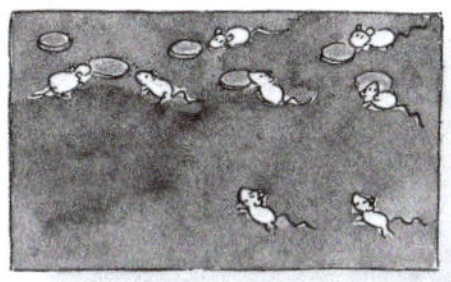

8 6 + 2

6

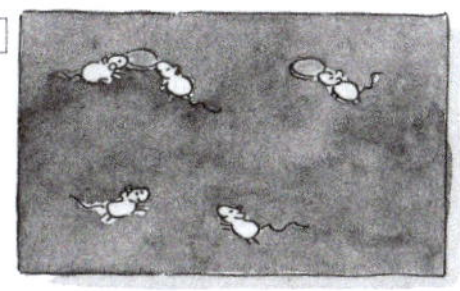

5 3 + 2

7

6 4 + 1 + 1

8

8 1 + 5 + 2

Herbst

1

3 + 2 = 5

5+3=8

2+3=5

Es gibt verschiedene Lösungen: 3+1=4 4-1=3

Es gibt verschiedene Lösungen: 8+10=18 7+11=18

5+1=6

2

Spiele im Herbst

1

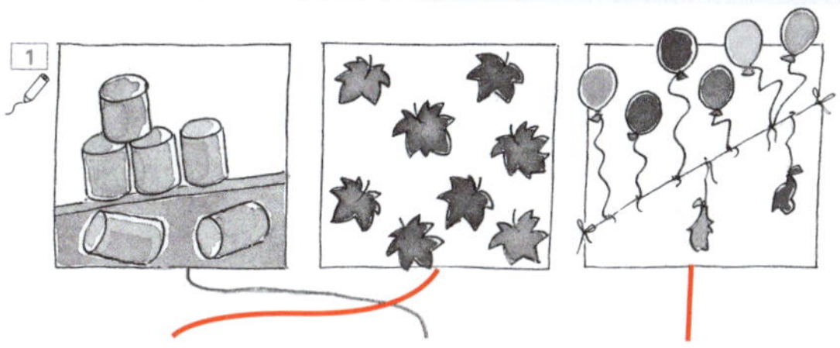

6 + 2 = 8   6 − 2 = 4   8 − 2 = 6

2

5 − 3 = 2   8 − 3 = 5   5 + 3 = 8

3

4 + 4 = 8   4 − 4 = 0   4 + 0 = 4

Herbst – Geschichten (1)

1
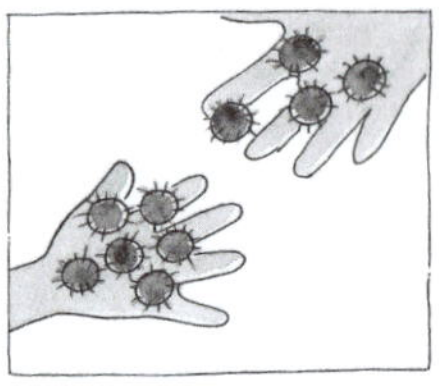

6 + 4 = 10

2

7 + 1 = 8

3

6 + 7 = 13

4

5 - 2 = 3

5

9 - 1 = 8

6

6 - 6 = 0

Herbst – Geschichten (2)

1

2 + 4 = 6

2

3 + 5 = 8

3

8 - 2 = 6

4

12 - 4 = 8

5

12 - 3 = 9

6

9 + 5 = 14

Auf dem Stadtfest

1 Wie viel kostet es? Lege und male.

2 € | 1 € | 2 € | 5 €

(1)

2 Wie viel kostet es? Lege, male und rechne.

2 € 2 € | 3 € 2 € | 5 € 2 € | 2 € 2 €

2 € + 2 € = 4 € | 3 € + 2 € = 5 € | 5 € + 2 € = 7 € | 2 € + 2 € = 4 €

3

Wie viel muss Zahlix bezahlen?

2 € + 3 € + 5 € = 10 €

Zahlix zahlt 10 €.

Wie viel Geld kostet es?

1
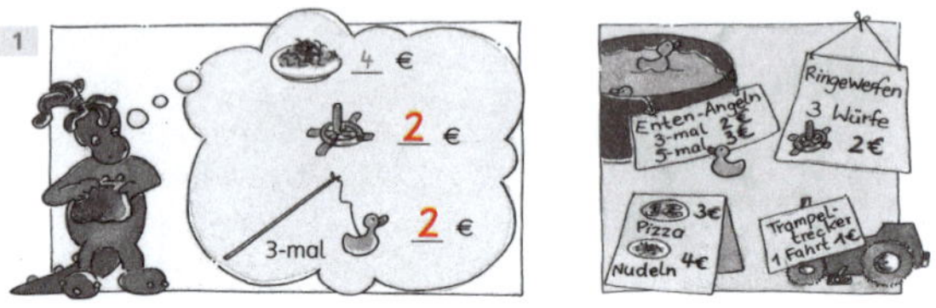

a) Wie viel Geld kostet es? 4 € + 2 € + 2 € = 8 €
b) Wie kann Zahline bezahlen? Lege und male.

5 (1) (2) oder (2) (2) (2) (2) oder (1) (1) (1) (1) (1) (1) (1) (1) oder 5 (1) (1) (1)

Es gibt noch weitere Lösungen.

2

a) Wie viel Geld kostet es? 3 € + 2 € + 1 € = 6 €
b) Wie kann Anna bezahlen? Lege und male.

5 (1) oder (2) (2) (2) oder (1) (1) (1) (1) (1) (1) oder (2) (2) (1) (1)

Es gibt noch weitere Lösungen.

3
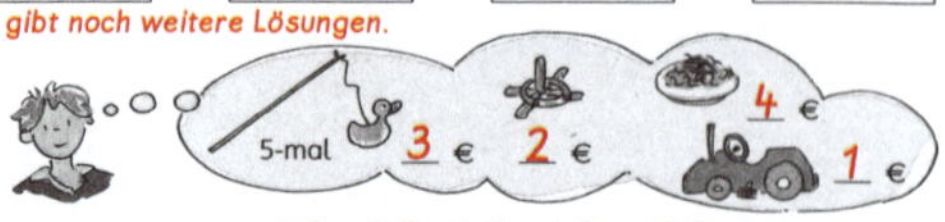

a) Wie viel Geld kostet es? 3 € + 2 € + 4 € + 1 € = 10 €
b) Wie kann Lukas bezahlen? Lege und male.

10 oder 5 5 oder 5 (2) (2) (1) oder (2) (2) (2) (2) (2)

Es gibt noch weitere Lösungen.

Materialsammlung Sachrechen und Größen
Arbeitsheft 1 – 978-3-507-04471-5

Wie viel Geld bleibt übrig? 19

zurück: 2 €

1 — 2 € — zurück: 3 €

2 — 3 € — zurück: 7 €

3 — 3 € — zurück: 17 €

4 — 5-mal 3 € — zurück: 7 €

5 — 2 € 2 € — zurück: 6 €

6 — 2 € 2 € — zurück: 16 €

7 — 2 €
Zahlix hat 5 €.
Zahlix muss 2 € zahlen.
5 € – 2 € = 3 €
Zahlix hat noch 3 €.

8 — 5 €
Zahline hat 12 €.
Zahline muss 5 € zahlen.
12 € – 5 € = 7 €
Zahline hat noch 7 €.

9 — 4 € 2 €
Anna hat 6 €.
Anna muss 6 € zahlen.
6 € – 6 € = 0 €
Anna hat noch 0 €.

10 — 2-mal 2 € 1 €
Lukas hat 2 €.
Lukas muss 2 € zahlen.
8 € – 3 € = 5 €
Lukas hat noch 5 €.

20 Viele Wünsche – Reicht das Geld?

1 Kann Zahline alles kaufen? Ja oder nein?
2 € — 2 € — 3-mal 2 € — 6 €
Rechne und kreuze an.
2 € + 2 € + 2 € = 6 €
(X) ja ◯ nein

2 Geht das?
4 € — 2 € — 2 € — 4 €
4 € + 2 € + 2 € = 8 €
◯ ja (X) nein

3 Geht das?
5-mal 3 € — 3 € — 2 € — 10 €
3 € + 3 € + 2 € = 8 €
(X) ja ◯ nein

4 Geht das?
2 € — 3 € — 2 € — 6 €
2 € + 3 € + 2 € = 7 €
◯ ja (X) nein

5 Geht das?
1 € — 5 € — 1 € — 2 € — 10 €
1 € + 5 € + 1 € + 2 € = 8 €
(X) ja ◯ nein

6 Du gehst zum Stadtfest.
Du hast ___ €
Was kannst du alles machen?
Male (oder schreibe) und rechne.

Hast du noch Geld übrig?
◯ ja ◯ nein
Wie viel Geld bleibt übrig? ___ €

Im Kaufhaus 21

Immer drei Kästchen gehören zusammen.
Für alle drei die gleiche Farbe!

1
Timo hat 8 rote und 4 grüne Murmeln.
Jan hat 8 Murmeln. Er verliert 4 Murmeln.
Lisa und Anna gehen einkaufen. Jede kauft 6 Murmeln.
Sonja hat 12 Murmeln. Sie gewinnt 4 Murmeln.
Ben hat 12 Murmeln. 4 Murmeln muss er abgeben.

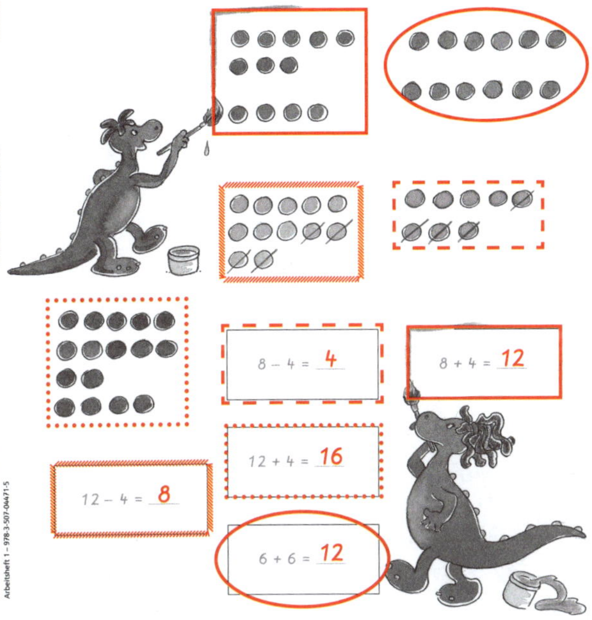

8 – 4 = 4
8 + 4 = 12
12 + 4 = 16
12 – 4 = 8
6 + 6 = 12

22 Beim Bäcker

Was fehlt?

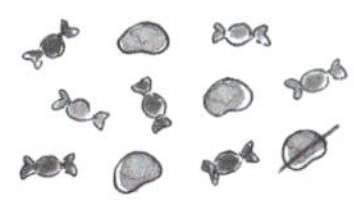

1 Moni holt Brötchen. Sie kauft 8 normale und 6 Mohnbrötchen.
Wie viele Brötchen kauft Moni insgesamt?
8 + 6 = 14

2 Lukas hat 9 rote Bonbons. Er kauft 5 grüne Bonbons.
Wie viele Bonbons hat er dann?
9 + 5 = 14

3 Anna hat 17 Plätzchen. Sie schenkt ihrer Freundin Lena 5 Plätzchen.
Wie viele Plätzchen hat Anna noch?
17 – 5 = 12

4 Daniel holt 20 Brötchen. 6 Brötchen sind für die Nachbarn.
Wie viele Brötchen sind für Daniels Familie?
20 – 6 = 14

Im Spielzeugladen

Welche Frage passt zum Bild? Verbinde.

1

Wie viele Autos gibt es?

Wie viele Teddys sind es insgesamt?

Wie teuer ist ein Teddy?

2

Wie viel Geld bekommt Tom zurück?

Wie teuer ist ein Auto?

Wie viel Geld kostet es zusammen?

3

Wie viel Geld bekommt Tom zurück?

Wie viel Geld kostet es zusammen?

Wie alt ist Tom?

4

Wie viel Geld kostet das Sparschwein?

Wie viel Geld sind dann im Sparschwein?

Wie viel Geld fehlt noch?

Materialsammlung Sachrechnen und Größen
Arbeitsheft 1 – 978-3-507-04471-5

Im Buchladen

Welche Frage passt? Verbinde.

1 Im Regal stehen 12 Malbücher und 8 Bilderbücher.

Wie viele Bücher hat der Buchladen insgesamt?

Wie viele Bücher stehen im Regal?

Wie viele Bücher lesen die Kinder?

2 Wie viele Bücher hat Lisa?

Wie viele Bücher kosten 10 Euro?

Wie viel Geld bekommt Lisa zurück?

Lisa kauft ein Buch. Das Buch kostet 6 Euro. Lisa hat 10 Euro.

3 Lisas Mutter kauft zwei Bücher. Das Kinderbuch kostet 11 Euro und das Bilderbuch kostet 4 Euro.

Wie viel Geld bekommt Lisas Mutter zurück?

Wie viel Geld muss Lisas Mutter bezahlen?

Wie viel Geld muss Lisa bezahlen?

4 Wie viele Bücher kauft Lisas Opa?

Wie viele Bücher hat Lisa?

Wie viele Bücher stehen noch im Regal?

Im Regal stehen 20 Bücher. Lisas Vater nimmt 5 Bücher heraus.

Kaufhaus-Geschichten (1)

1 Oma und Tim essen Eis. Tim nimmt 5 Kugeln, Oma nur 3 Kugeln.

2 Maria kauft ein Eis mit 5 Kugeln. 3 Kugeln hat sie schon gegessen.

Verbinde.

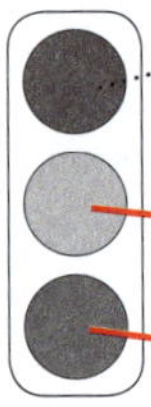

Wie viele Kugeln sind es zusammen?

Wie viele Kugeln hat sie noch?

5 – 3 = 2

5 + 3 = 8

2 Kugeln hat sie noch.

8 Kugeln sind es zusammen.

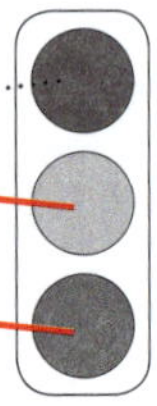

3 Lisa will 12 Äpfel kaufen. Sie hat schon 4 Äpfel in den Wagen gelegt.

4 Mike kauft 12 grüne und 4 rote Äpfel.

Verbinde.

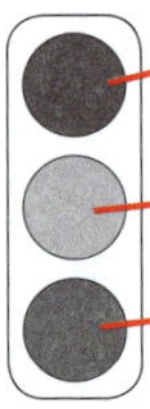

Wie viele Äpfel braucht sie noch?

Wie viele Äpfel kauft er insgesammt?

12 – 4 = 8

12 + 4 = 16

8 Äpfel braucht sie noch.

16 Äpfel kauft er insgesamt.

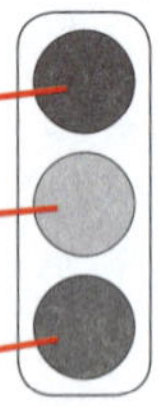

5 Anna und Lena kaufen sich ein Eis. Jede nimmt 4 Kugeln.

Wie viele Kugeln sind es zusammen?

4 + 4 = 8

8 Kugeln sind es zusammen.

Materialsammlung Sachrechnen und Größen
Arbeitsheft 1 – 978-3-507-04471-5

Kaufhaus-Geschichten (2)

1 Lena geht einkaufen. Sie kauft 5 rote und 2 grüne Paprika.

2 Tim isst gern Paprika. Seine Mutter kauft 5 Paprika. Tim isst 2 Stück.

Verbinde.

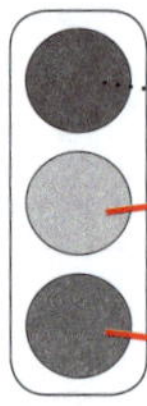

Wie viele Paprika sind noch übrig?

Wie viele Paprika sind es zusammen?

5 + 2 = 7

5 – 2 = 3

3 Paprika hat sie noch.

7 Paprika sind es zusammen.

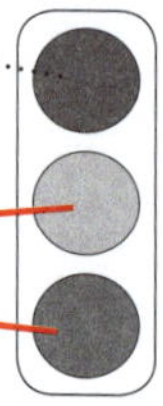

3 Benno kauft Lutscher ein. 12 rote und 4 grüne.

4 Mike kauft 12 Lutscher. Davon sind 4 Lutscher rot, die anderen sind gelb.

Verbinde.

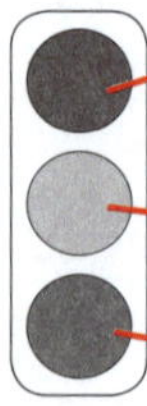

Wie viele Lutscher sind es insgesamt?

Wie viele Lutscher sind gelb?

12 – 4 = 8

12 + 4 = 16

8 Lutscher sind gelb.

16 Lutscher sind es insgesamt.

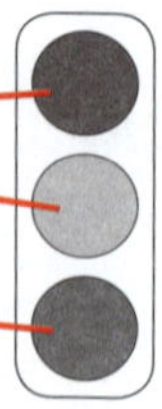

5 Annas Mutter kauft 3 Kisten Birnen. In jeder Kiste sind 5 Birnen.

Wie viele Birnen sind es insgesamt?

5 + 5 + 5 = 15

2 Birnen sind es insgesamt.

Materialsammlung Sachrechen und Größen
Arbeitsheft 1 – 978-3-507-04471-5

Viele Einkäufe (1)

1 Herr Sander kauft 12 Blumen. Er gibt Lisa 3 Blumen.

Wie viele Blumen hat Herr Sander dann noch?

12 – 3 = 9

9 Blumen hat Herr Sander dann noch.

2 Frau Kaup kauft 7 blaue und 8 gelbe Blumen.

Wie viele Blumen kauft Frau Kaup insgesamt?

7 + 8 = 15

15 Blumen kauft Frau Kaup insgesamt.

3 Jan kauft 13 Murmeln. Er gibt seinem Bruder 4 Murmeln.

Wie viele Murmeln hat Jan noch?

13 – 4 = 9

9 Murmeln hat Jan noch.

4 Maria hat 8 Murmeln. Oma kauft ihr 5 Murmeln.

Wie viele Murmeln hat Maria dann zusammen?

8 + 5 = 13

13 Murmeln hat Maria dann noch.

5 Mutter kauft 3 grüne, 4 rote und 5 gelbe Paprika.

Wie viele Paprika kauft Mutter insgesamt?

3 + 4 + 5 = 12

12 Paprika kauft Mutter insgesamt.

6 Opa kauft 15 Karten. Er gibt Timo 4 Karten und Anna 5 Karten.

Wie viele Karten hat Opa dann noch?

15 – 4 – 5 = 6

6 Karten hat Opa dann noch.

Viele Einkäufe (2)

1 Jonas kauft 20 Aufkleber. Er schenkt Anna 7 Aufkleber.

Wie viele Aufkleber hat Jonas dann noch?

20 – 7 = 13

13 Aufkleber hat Jonas dann noch.

2 Pia kauft 13 Blumen. Davon sind 6 Blumen für Oma.

Wie viele Blumen hat Pia dann noch?

13 – 6 = 7

7 Blumen hat Pia dann noch.

3 Jannis hat 12 Murmeln. Er kauft 5 neue Murmeln.

Wie viele Murmeln hat Jannis dann insgesamt?

12 + 5 = 17

17 Murmeln hat Jannis dann insgesamt.

4 Maria hat 18 Murmeln. Beim Spielen gewinnt sie 3 Murmeln.

Wie viele Murmeln hat Maria dann insgesamt?

18 + 3 = 21

21 Murmeln hat Maria dann insgesamt.

5 Oma kauft neue Blumen. Sie nimmt 5 rote, 4 gelbe und 7 blaue Blumen.

Wie viele Blumen kauft Oma insgesamt?

5 + 4 + 7 = 16

16 Blumen kauft Oma insgesamt.

6 Opa kauft 15 Fußballbilder. Lisa bekommt 5 Bilder und Tim nur 4 Bilder.

Wie viele Bilder hat Opa dann noch?

15 – 5 – 4 = 6

6 Bilder hat Opa dann noch.

Klassenfest

1 Lena malt eine bunte Kette aus 20 Perlen, immer 2 Perlen braun, 2 blau.

Welche Farbe hat die 17. Perle?

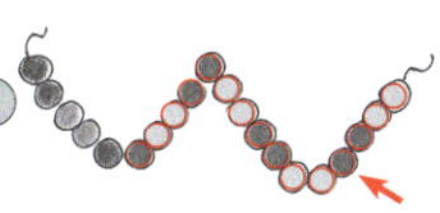

Die 17. Perle ist rot

2 Tom malt eine Kette aus 15 Perlen, immer 3 Perlen gelb, 4 rot.

Welche Farbe hat die 13. Perle?

Die 13. Perle ist rot

3 Jan malt eine Kette aus 18 Perlen, immer 2 Perlen grün, 4 gelb.

Welche Farbe hat die 16. Perle?

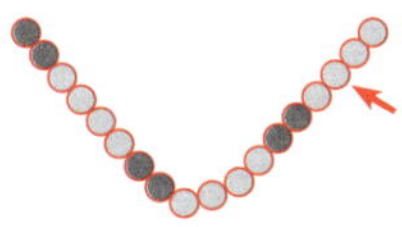

Die 16. Perle ist gelb

4 Lisa malt eine Kette aus 21 Perlen, immer 2 Perlen blau, 2 grün, 3 rot.

Welche Farbe hat die 19. Perle?

Die 19. Perle ist rot

5 Pia malt eine ganz lange Kette aus 30 Perlen, immer 4 Perlen blau, 2 rot.

Welche Farbe hat die 28. Perle?

Die 28. Perle ist blau

Spiele auf dem Klassenfest

1 Kai hat 12 Hölzer. Er legt Vierecke.

Wie viele Vierecke legt Kai?

Kai legt 3 Vierecke.

2 Pia hat 18 Hölzer. Sie legt Dreiecke.

Wie viele Dreiecke legt Pia?

Pia legt 6 Dreiecke.

3 Jana hat 20 Hölzer. Sie legt Vierecke.

Wie viele Vierecke legt Jana?

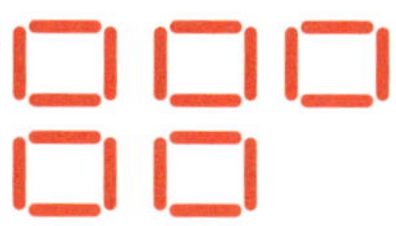

Jana legt 5 Vierecke.

4 Lena hat 15 Hölzer. Sie legt Dreiecke.

Wie viele Dreiecke legt Lena?

Lena legt 5 Dreiecke.

5 Maria fühlt Vierecke. Zusammen sind es 24 Ecken.

Wie viele Vierecke sind es?

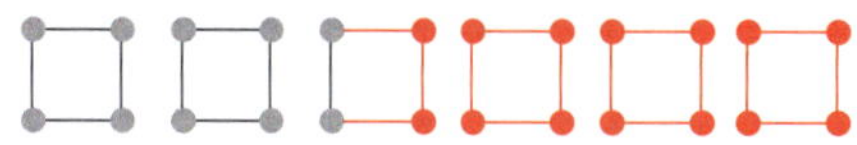

6 Vierecke sind es.

Lösungen

Viele Besucher

1 Aus der Klasse 1a kommen 9 Mädchen und 9 Jungen zum Fest.

- Wie viele Kinder kommen aus der Klasse 1a?
- 9 + 9 = 18
- 18 Kinder kommen aus der Klasse 1a.

2 Aus der Klasse 1b kommen 6 Mädchen und 12 Jungen zum Fest. Alle haben viel Spaß.

- Wie viele Kinder kommen aus der Klasse 1b?
- 6 + 12 = 18
- 18 Kinder kommen aus der Klasse 1b.

3 Herr Meier hat 12 Flaschen Saft mitgebracht. Die Kinder haben schon 6 Flaschen getrunken.

- Wie viele Flaschen haben sie noch?
- 12 - 6 = 6
- 6 Flaschen haben sie noch.

4 Schreibe eine eigene Rechengeschichte zu den Aufgaben.

a) 12 + 6 = 18 b) 15 – 8 = 7

Materialsammlung Sachrechnen und Größen
Arbeitsheft 1 – 978-3-507-04471-5

Nach dem Fest

1 Aus der Klasse 1a helfen 7 Mädchen und 6 Jungen beim Aufräumen.

- Wie viele Kinder helfen insgesamt?
- 7 + 6 = 13
- 13 Kinder helfen insgesamt.

2 22 Kinder gehören zur Klasse 1a. Nur 11 Kinder helfen. Die anderen haben keine Lust.

- Wie viele Kinder helfen nicht beim Aufräumen?
- 22 - 11 = 11
- 11 Kinder helfen nicht beim Aufräumen.

3 Es wurden 6 Flaschen Apfelsaft, 3 Flaschen Orangensaft und 8 Flaschen Wasser getrunken.

- Wie viele Flaschen wurden insgesamt getrunken?
- 6 + 3 + 8 = 17
- 17 Flaschen wurden insgesamt getrunken.

4 Schreibe eine eigene Rechengeschichte zu den Aufgaben.

a) 18 – 7 = 11 b) 8 + 7 = 15